Armin Tenner

Die Tierwelt im Cincinnatier Zoologischen Garten

ein zuverlässiger und getreuer Führer für den Besucher

Armin Tenner

Die Tierwelt im Cincinnatier Zoologischen Garten
ein zuverlässiger und getreuer Führer für den Besucher

ISBN/EAN: 9783337321178

Hergestellt in Europa, USA, Kanada, Australien, Japan

Cover: Foto ©berggeist007 / pixelio.de

Weitere Bücher finden Sie auf **www.hansebooks.com**

Die Thierwelt

im

Cincinnatier Zoologischen Garten.

Bellevue House,

H. HILDEBRANDT,

PROPRIETOR.

ST. NICHOLAS,

Corner Fourth and Race Sts.,
CINCINNATI, O.

EUROPEAN PLAN.

The only First-Class Restaurant in the City!

Having re-leased the premises long occupied by us and well known as the "St. Nicholas Restaurant," South-east corner of Fourth and Race Streets, we have renovated the establishment and refitted it in that style which has justly given it a reputation for neatness, comfort and elegance in all its departments.

We now take pleasure in inviting your attention to what we feel justified in calling the model house of its kind in the West—to the wholesome cleanliness of our dining rooms and domestic offices—to the coolness in the heated term—to the style and completeness in our cooking and service.

Respectfully,

B. ROTH & SON, Prop's.

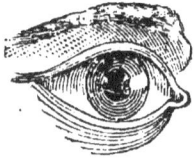

GROUND PLAN

OF THE

ZOOLOGICAL GARDEN.

The publication of the *"Zoo-Zoo"* is not authorized by
the Zoological Society.

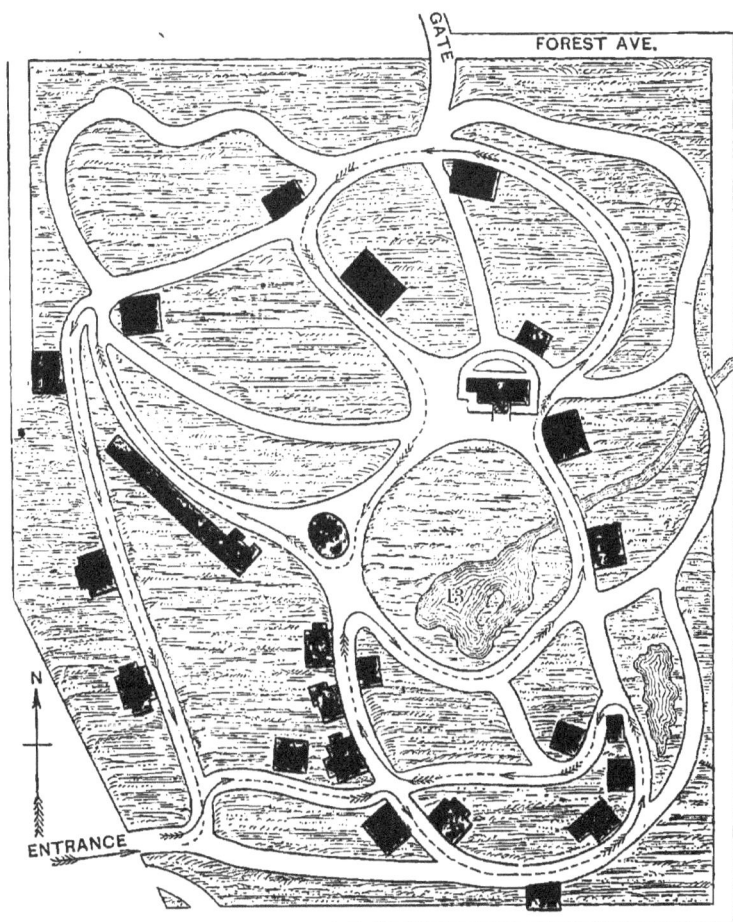

GATE

FOREST AVE.

N

ENTRANCE

Die Thierwelt

im

Cincinnatier

Zoologischen Garten.

Ein zuverlässiger und getreuer

Führer

für den Besucher, nebst einer kurzen Schilderung der Bewohner
des Gartens und seiner Entstehungsgeschichte.

Von

Armin Tenner.

1. Auflage.

Cincinnati, 1876.

Druck von Mecklenborg & Rosenthal, 203 Vine-Straße.

Alphabetisches Register

der beschriebenen und erwähnten Thiere.

— 4 —

das Affenhaus und die Vogelhäuser. Das Terrain des Gartens, 66 Acker umfassend, weicht von den Grundstücken, auf welchen die meisten europäischen und auch der Philadelphiaer Garten errichtet wurden, darin wesentlich ab, daß es mit natürlichen Anhöhen und Schluchten versehen ist und sich durch herrliche natürliche Landschafts= Partieen auszeichnet.

Die Zoologische Gesellschaft hat bis jetzt für die Herstellung von Wegen, Anlagen und dergleichen, sowie für Thiere und Ge= bäude nahezu $220,000.00 verausgabt und weitere $100.000.00 sind nöthig, ehe der Garten sich in einem annähernd fertigen Zustand präsentiren kann.

Die Deutschen Cincinnatis haben von Anbeginn das Unterneh= men durch liberale Actien=Zeichnungen und Geschenke mannigfaltiger Art unterstützt, und namentlich Hrn. Andreas Erkenbrecher gebührt das Lob, mehr als jeder Andere zu der raschen Entwickelung des Gartens beigetragen zu haben. Außer den Genannten verdienen noch die Herren Florenz Marmet, Julius Dexter, John Simpkinson, Geo. A. Smith, Clemens Oskamp und Dr. Zipperlen, für ihre dem Garten gewidmete aufopfernde Thätigkeit, besondere Anerkennung.

Das Directorium der Zoologischen Gesellschaft besteht gegen= wärtig aus den Herren Julius Dexter (Präsident), Geo. A. Smith (Vice=Präsident), A. Erkenbrecher (Schatzmeister), F. Hassaurek, Chas. P. Taft, Clemens Oskamp, John Simpkinson, Florenz Mar- met und Otto Laist.

Herr Dr. H. Dorner bekleidete die Stelle eines Direktors des Gartens vom 1. Mai '75 bis zum 4. Mai '76, Herr L. J. Cist verwaltet das Amt des prot. Secretärs und Buchführers, und der Unterzeichnete hatte die Ehre als General Agent, corresp. Sekretär und zeitw. Director bis zum 10. Juni 1876, wo er seine Verbindun= gen mit der Gesellschaft, deren erster Beamter er gewesen, aus freiem Antrieb löste, zu fungiren.

Armin Tenner.

Den Garten erreicht man am billigsten durch Benutzung der Mt. Auburn Schiefebenebahn, deren Waggons von der Ecke der 5. und Main Straße abfahren, und in der nächsten Zukunft, (1. August '76) ebenfalls vermittelst der Clifton Schiefebenebahn, mit welcher die Waggons der Vine Straßen Linie (Route No. 9) und der Elm Straße Linie Anschluß haben.

Im Garten angekommen thut der Besucher am besten sich zunächst links zu wenden und der Hauptstraße etwa 60 Schritte zu folgen, dann aber den zur rechten Hand aufsteigenden Fußweg zu benutzen. Der „Führer" wird von nun an den weiteren Weg anzeigen, und es dem Besucher ermöglichen, alle Sehenswürdigkeiten der Reihe nach in Augenschein zu nehmen, ohne ihn der Gefahr auszusetzen, eine und dieselbe Stelle mehrmals auf seiner Wanderung passiren zu müssen.

Der erwähnte Fußweg führt uns zunächst zu einem aus unbehauenen Flußsteinen errichteten Grottenhäuschen,—wir wollen es mit No. 1 bezeichnen — in dessen Innern eine Quelle sprudelt, den Durstigen zum Trunke einladend.

Eine aus Blei gegossene Statue, Gott Bacchus vorstellend, zeigt mit lächelnder Miene auf die unter ihr angebrachte, dem Frankfurter zoolog. Garten entlehnte Inschrift:

„Gesegnet soll der Trunk uns sein!
Für Euch das Wasser, für mich den Wein!"
(Blessed to all the drink shall be:
For you the Water, Wine for me!)

Von hier aus führt uns eine steinerne Treppe zu einem größeren freien Platz, wir gelangen zur Rechten an eine Einfriedigung aus starkem Eichenholze, und vor uns liegt,

No. 2—Der Büffel-Park.

Vertreten ist hier: der gemeine Büffel (*Bos bubalus*), Common or Water Buffalo, Buffle d'Italie, durch ein weibliches Exemplar dieser Thierart. Der gemeine Büffel zeichnet sich aus durch einen dicken kurzen Kopf und eine gewölbte Stirne, langen mondförmig zusammengedrückten Hörnern und spärlicher Behaarung. Die Hautfarbe dieses Thieres ist schwarzbraun. Sein eigentliches Heimathsland ist Ostindien, von wo aus er nach Südeuropa verpflanzt, und dort eingebürgert wurde. Der Büffel liebt das Wasser, schwimmt gern, und wälzt sich noch lieber im Schlamme.

Daß das Thier nicht furchtsamer Natur ist, geht schon daraus hervor, daß es wiederholt den im Garten befindlichen afrikanischen Elefanten angegriffen, und diesem sicher Schaden zugefügt hätte, wenn nicht jedes Mal die beiden Thiere noch rechtzeitig getrennt worden wären.

Dem Büffel-Park gegenüber befindet sich

No. 3 — Das Büffelhaus.

Drei junge Bisons, — wovon die beiden größeren weiblichen, der kleinere männlichen Geschlechts sind, — und ein afrikanischer Elefant, haben Quartier hier.

Der **Bison** (*Bison americanus*), Bison, bewohnte früher den westlichen Theil der Vereinigten Staaten in großer Anzahl, hat aber fortwährend der nach dem Westen sich ausdehnenden Civilisation Platz machen müssen. Ihm droht dasselbe Schicksal, welches den Wisent ereilte: seine gänzliche Vernichtung.

Das Auffallendste bei dem Thiere ist der ungeheure Kopf mit den kleinen Augen, die kurzen schwarzen Hörner, der Buckel auf dem Widerrist, und seine an den Vordertheilen befindlichen zottigen Haare.

Im Frühjahr ist das Thier gelblich braun, im Herbste, schwarzbraun gefärbt.

Der **afrikanische Elefant**, (*Elephas africanus*), African Elephant, Eléphant d'Afrique. Das gesammte Elefanten-Geschlecht kömmt in zwei Arten vor, wovon die eine Art Asien, die andere Afrika bewohnt. In ihrer äußeren Erscheinung haben Beide manches gemein, doch ist der indische in der Regel größer als der afrikanische Elefant; die Ohren des Letzteren sind breiter, auffallender geformt und nach rückwärts geschlagen, und erscheinen größer als die des asiatischen Elefanten, dessen Ohren über die Ohrmuschel herabhängen wie bei dem Jagdhunde und ähnlich gestaltet sind. Der Kopf des indischen Elefanten ist länglich, die Stirne etwas ausgehöhlt, der afrikanische Elefant hat dagegen einen rundlicheren gewölbten Kopf. Der Elefant hat fünf Zehen und ebenso viele Hufe, er ist das größte, höchste und dickste aller Landthiere.

Der Elefant des Gartens ist Eigenthum des Herrn Georg Weber, hier.

Eine zweite kleine Steintreppe bringt uns auf den ebenen Theil des Gartens. Die breite Straße, welche wir hier betreten, verfolgen wir rechts, und es präsentiren sich uns

No. 4 — Die Pony-Ställe.

Das **Shetland-Pony** ist hier durch neun Exemplare dieser zierlichen, munteren Pferdeart vertreten. Es bewohnt die nördlichen Inseln Schottlands, wo es in einem halbwildem Zustande lebt.

Zeitweise sind die im Garten vorhandenen Ponies nahe dem Straußenhause untergebracht.

No. 5 — Die Prairiehunde Kolonie.

Der Prairiehund (*Arctomys ludovicianus*); Prairie Dog, Marmotte de la prairie, bewohnt die westlichen Prairien Nordamerikas. Er gehört zu den Nagethieren und hat Vieles mit dem auf den Alpen vorkommenden Murmelthiere gemein. Das Thier gräbt seine Höhlen etwa 5 Fuß senkrecht in die Erde und steigt dann wieder in schiefer Richtung 1--2 Fuß in die Höhe. Ob der Prairiehund Winterschlaf hält, oder nicht, darüber ist man noch nicht im Klaren. Die zahlreiche Familie im Garten, welche sich in diesem Frühjahre bedeutend vermehrt hat, verfehlt nie, die Aufmerksamkeit des Besuchers auf sich zu ziehen. Man sieht diese Thiere fortwährend beschäftigt, und nur wenn sie erschreckt werden, verbergen sie sich für einige Augenblicke vor den Augen des Beschauers.

Nach den Angaben einiger Naturforscher bewohnt in den Prairien die Höhleneule (Athene cunicularia) in Gemeinschaft mit dem Prairiehunde dessen Höhle und lebt mit diesem in Eintracht, während die Klapperschlange, wenn sie in der Höhle des Prairiehundes ihr Quartier aufschlägt, stets von dem rechtmäßigen Besitzer als Eindringling angesehen wird.

Dem Wege nach folgt jetzt:

No. 6 — Das kleine Raubthierhaus.

Seine Bewohner sind:

Der Eis- oder Polarfuchs (*canis lagopus*), Arctic Fox, Renard arctic, lebt in den Polarregionen des Nordens. Unser Exemplar im Garten hat bis jetzt seine blaugraue Farbe nicht gewechselt, während sonst diese Thiere im Winter in der Regel weiß gefärbt sind. In seiner Heimath weiß man von seinen diebischen Gelüsten Erstaunliches zu erzählen. Der Hunger treibt ihn bisweilen dazu dem Menschen während der Nachtzeit die Kleidungsstücke am Leibe zu zerfressen.

Der Grislfuchs (*Canis Velox*), Kit Fox, Chien des prairies, kleiner als der Graufuchs, lebt in den westlichen Staaten Nordamerikas. Die Oberseite des Halses, der Kopf und der Rücken sind hellgrau gefärbt; Kehle und Unterleib, mattweiß. Das hier vorhandene Exemplar ist ein Geschenk des Herrn G. R. A. Pundt, Omaha, Nebr.

Der Graufuchs (*Canis Virginianus*); Grey Fox, Renard gris, weißgrau gefärbt, gemein in den südlichen Staaten, wo er hohle Bäume zu seinem Verstecke wählt. Seine Vorliebe für Geflügel macht er nur zu oft zum Leibwesen der Farmer geltend.

Der amerikanische Wolf (*Canis occidentalis*); American Wolf, Loup d'Amerique, unterscheidet sich fast gar nicht vom europäischen Wolf (*Canis lupus*) und weicht auch in seiner Lebensweise nur wenig von diesem ab. Jung aufgezogene Wölfe lassen sich manchmal zähmen, verlieren indessen niemals ganz ihr mißtrauisches Wesen, was auch bei Bastarden von Hund und Wolf der Fall ist.

Der Schabrackenschakal (*Canis mesomelas*); Black-backed Jackal, Jaccale noireit, verschieden von dem gemeinen Schakal durch einen schwarzen Fleck auf dem Rücken und längere Ohren. Der Schakal ist ein schon in der Bibel vielfach erwähntes Thier. In Hinsicht seiner Lebensweise ist er das Zwischenglied von Fuchs und Wolf. Lebt in Süd= und Mittel=Afrika.

Der gemeine Schakal (*Canis aureus*), Common Jackal, Jaccale vulgaire, nur durch die bereits erwähnten Merkmale verschieden von dem vorigen. Heimath: Nordafrika und Nordasien. Beide Schakale wurden dem Garten von Herrn Wilhelm Pfau, Hamilton, O., geschenkt.

Der Rothfuchs (*Canis fulvus*), Red Fox, Renard voux, mit dem europäischen verwandt, von schlankerem Körperbau, Rücken roth, Hals und Brust weiß, Füße und Ohren schwarz.

Zur linken Hand passiren wir nun einen von Herrn Erkenbrecher geschenk= ten großen Vogelkäfig, enthaltend mehrere Drosselarten. nämlich:

Die Singdrossel (*Turdus musicus*), Song-thrush, Grive musicienne, Europa.

Die Schwarzdrossel oder Schwarzamsel (*Turdus merula*), European Black-bird, Merle; Europa.

Die Wanderdrossel (*T. migratorius*), Robin; Nordamerika.

Einige Schritte weiter befindet sich:

No. 7 — Der Tapir=Park.

Dem Bewohner desselben steht zum Baden ein Basin zur Verfügung, wäh= rend eine Gruppe von schattigen Buchen das Thier gegen die Strahlen der Sonne schützt.

Der Tapir (*Tapirus americanus*); American Tapir, Tapire d'Amerique, gehört zur Ordnung der Vielhufer, lebt in Südamerika, wo er die Ufergegenden dicht bewachsener Flüsse zu seinem Aufenthaltsort wählt. Wenn beängstigt, stößt er eigenthümliche pfeifende Töne aus. Das Thier lebt in seinem Naturzustande vorzugsweise von Palmblättern, verschmäht aber auch sonstige Pflanzenkost nicht. Der junge Tapir ist gestreift, beim ausgewachsenen Thiere ist die Farbe schwarzbraun.

No. 8 — Das Eichhörnchenhäuschen.

Hier befinden sich:

Das Backenhörnchen (*Tamia Lysteri var. alba*), White ground Squirrel, welches sich von dem gemeinen Erd=Eichhörnchen nur durch seine weiße Färbung auszeichnet, verbindet mit seinem zarten Körperbau eine wun= derbare Gelenkigkeit und Gewandtheit. Nordamerika ist seine Heimath.

Das weiße Eichhörnchen (*Sciurus cinereus var alba*) ist eine Spielart des grauen Eichhörnchens und zeichnet sich durch sein weißes Haarkleid und seine rothen Augen aus. Heimath: Nordamerika.

Das Fuchseichhörnchen (*Sciurus capistratus*); Fox Squirrel, lebt vorzugsweise in den südlicheren Staaten Nordamerikas. Der Unterleib des Thieres ist fuchsroth, der Rücken graubraun, Ohrenspitzen weiß.

Das graue Eichhörnchen (*Sc. cinereus*); grey Squirrel, Ecureuil gris, ähnlich dem europäischen Eichhörnchen (*Sc. vulgaris*), jedoch ohne Ohrenbüschel.

Das schwarze Eichhörnchen (*Sc. niger*); Black Squirrel, Ecureuil noir, ist durch seine schwarze Farbe von dem vorigen verschieden

Das Flatterhörnchen (*Sc. volucella*); Flying Squirrel, Ecureuil volant, ist eines der kleinsten der ‚fliegenden‘ Eichhörnchen, sehr scheuer Natur und mehr zur Nachtzeit als am Tage thätig. Lebt in Nordamerika.

No. 9. — Das Raubvogelhaus.

Die Vögel präsentiren sich, wenn wir das Haus von links nach rechts umreisen, in folgender Reihenordnung.

Die Schneeeule, (*Nyctea nivea*); Snowy owl, chouette hivernale, etwas größer als die virginische Uhu, weiß mit schwarzbraunen Querstreifen und mit bis zu den Klauen befiederten Füßen. Bewohnt die kalten

Der weißköpfige Geier. (Vultur fulvus.)

Zonen der Welt, kömmt indessen auch im Innern der nördlichen Staaten Nordamerikas vor. Ihr Flug ist schnell und rauschend und die Sehkraft ihrer Augen ist am Tage weniger abgeschwächt, als bei den meisten Mitgliedern ihrer Familie. Nährt sich von Mäusen, Kaninchen und Vögeln.

Der Tarai (*Felis viverrina*); Viverrine Cat, Chat viverrin, aus Indien; kleiner als die afrikanische Tigerkatze, dunkler gestreift als die amerikanische Luchskatze. Das Thier hat einen längeren Schweif als sein nächster amerikanischer Verwandter und hat weniger Aehnlichkeit mit dem Luchs, als unsere Wildkatze.

Der weißköpfige Seeadler (*Haliaetus leucocephalus*); Bald or white-headed See-Eagle, Pygargue leucicephale, ist ein von Natur aus scheuer Vogel, gewöhnt sich aber in der Gefangenschaft mit der Zeit an den Menschen. Er lebt an den Meeresküsten und im Inlande in der Nähe großer Ströme und Seen. Das Gefieder des alten Vogels ist fahlbraun, Hals und Kopf weiß. Beim jungen Vogel ist das Gefieder bis zum zweiten Jahr rothbraun mit etwas Weiß untermischt und im dritten Jahre wechselt er die Farbe seines Gefieders an Hals, Schwanz und Kopf. Heimath: Nordamerika.

Der weißköpfige Geier (*Vultur fulvus*); Griffon vulture, Vautour fauve, ist zwischen 3 und 4 Fuß lang; Gefieder oben röthlichgrau, Schwanz und Schwungfedern schwarz, Unterleib weiß, Dunen auf Kopf und Hals aschgrau. Mißt von einer Flügelspitze zur anderen acht Fuß. Lebt in Afrika.

Der Goldadler (*Aquila chrysaetos*); Golden Eagle, gewandter im Fluge als der Seeadler, von schönerem Körperbau, kühn, verwegen und schlau. Kopf und Hinterhals des Vogels sind roströthlich gefärbt, der übrige Körper dunkelbraun, Schwanz bräunlich=aschgrau mit breiten schwarzbraunen Querbinden. Lebt in Europa und Amerika.

Der Gaukler Adler (*Helotarsus eccaudatus*); Bateleur Eagle, Bateleur, zeichnet sich vor Allem durch seinen ungewöhnlich kurzen Schwanz aus. Seine Gestalt und die Färbung seines Gefieders sind nicht minder auf= fallend. In der Gefangenschaft verleugnet er vollständig seine spielerische Natur und sitzt die meiste Zeit ruhig an einer Stelle. Afrika ist sein Heimathsland.

Wir begeben uns jetzt auf die nördliche Seite des Raubvogelhauses und treffen hier zuerst einen Käfig, welcher vierzehn virginische Uhus beherbergt.

Der virginische Uhu (*Bubo virginianus*), Great horned or Eagle Owl, Grand-duc de Virginie, eine über ganz Nordamerika ver= breitete Eule, von bedeutender Größe, mit mächtigen Ohrbüscheln.

Der Nebelkauz (*Syrnium nebulosum*), Barred Owl ein dem euro= päischen Waldkauz in Gestalt und Lebensweise nach verwandter Vogel. Die Käuze unterscheiden sich von den Eulen durch runden Kopf ohne Federbüschel, und außergewöhnlich großer Ohröffnung. Das Gefieder des Nebelkauzes ist unten gelblichweiß, fahlbraun gestreift, oben gelbbraun mit weißen Querstrichen; Schnabel hornweiß, Augen dunkelbraun, mit blauer Pupille.

Der letzte Käfig wird von den Bussarden bewohnt, welche zwei getrennte Arten repräsentiren:

Der gemeine amerikanische Bussard (*Buteo borealis*) Common Buzzard or red-tailed Hawk, Buce und

der rothschultrige Bussard (*Buteo lineatus*), red-shouldered Buzzard. Der Erstere unterscheidet sich von dem europäischen Bussard (*Falco buteo*) durch seinen röthlichen Schwanz. Der letztere durch seine röth= lich gefärbten Flügel. In der Lebensweise ähneln sich alle Bussarde.

Von hier muß uns der Besucher auf dem Fußwege folgen, welcher an jenem Ende des Raubvogelhauses, wo die virginischen Uhus und der Gaukler-Adler untergebracht sind, einmündet. In grader Richtung schreiten wir weiter, indem wir die Ponyställe zu unserer Linken lassen, und gelangen wieder auf die Hauptstraße des Hoch-Plateaus. Jetzt wenden wir uns auf dieser rechts und vor uns liegt sodann

No. 10. — Der virginische Hirsch-Park.

Der **virginische Hirsch** (*Cervus virginiana*), Virginia Deer, Cerf de Virginie, ist kleiner als der Edelhirsch, im Sommer röthlichfahl, im Winter röthlich grau. Ist über den größten Theil der Vereinigten Staaten verbreitet.

Der **weißschwänzige Hirsch** (*Cervus leucurus*), white-tailed Deer, scheint weiter nichts als eine Spielart des virginischen Hirsches zu sein.

Der **großohrige Hirsch** (*Cervus macrotis*), Mule Deer, unterscheidet sich von dem Vorigen durch seine auffallend langen Ohren und seine mehr in das Graue spielende Farbe. Der Westen der Vereinigten Staaten gilt als die Heimath des langohrigen oder Maulthierhirsches.

Der Virginische Uhu. (*Bubo Virginianus*.)

Etwas weiter rechts erwartet uns

No. 11. — Das Nagergehege.

Der **Townsend'sche Hase** (*Lepus Townsendii*), Townsend's Rocky Mountain Hare, ein in dem Rocky Mountaingebiete häufiger Hase, zeichnet sich durch seine langen Ohren aus; bei Manchen ist die Stirn mit einem kleinen weißen runden Fleck geziert, ein naher Verwandter des in Texas vorkommenden langohrigen Hasen, welcher daselbst unter den Namen "Jack Rabbit" bekannt ist. Das Paar im Garten besteht aus zwei halbwüchsigen Thieren.

Das **große Stachelschwein** (*Hystrix cristata*), Crested Porcupine, porc epique, wohnt in seiner Heimath, dem südlichen Europa und nördlichen Afrika, in selbstgemachten Gängen, welche es blos zur Nachtzeit verläßt. Der größte Theil des Körpers des Stachelschweins ist mit langen, spitzen

Stacheln verfehen, fo daß man dem Thiere nicht gut beikommen kann. Das Stachelschwein fchützt fich gegen feine Angreifer ähnlich wie der Igel, nur daß es fich nicht zufammenrollt, und wirft nicht, wie Manche glauben, feine Stacheln gegen den Feind. Wenn gereizt, ftampft es mit den Füßen und grunzt nach Art der Schweine. Früchte, Wurzeln und fonftige Vegetabilien bilden feine Nah=
rung.

Der Wombat (*Phasolomys latifrons*), Wombat, or Australian Badger, zu den Beutel=Murmelthieren gehörend, ift ein mit einem dichten braunen Pelz und kurzen Beinen verfehenes Thier, hal vorn fünf, hinten vier Zehen mit ftarken Klauen. Lebt in Auftralien, wo es den Tag in breiten, unterirdifchen Gängen zubringt, und nährt fich von Kräutern und Wurzeln. Seine Bewegungen find im höchften Grade plump, fein Naturell fanft.

Der nächfte Raum wird von einer aus fünf Gliedern beftehenden Wafch=
bärenfamilie bewohnt, denen der in dem Raume befindliche große Locuftbaum hinreichende Gelegenheit bietet, ihre Kletterfertigkeit zu entfalten. Die meifte Zeit bringen fie auf dem Baume zu, felbft des Nachts, wo fie einen bequemen Aft zu ihrem Nachtlager wählen.

Der Wafchbär (*Procyon lotor*), Racoon, Raton, ift ein über ganz Nordamerika und Mexiko verbreitetes Thier. Den Tag bringt der Wafchbär meiftens in hohlen Bäumen zu, Nachts ftreift er umher, um feine Nahrung zu fuchen, welche aus Früchten, wilden Trauben, Pflaumen u. f. w. befteht. Er tödtet Hühner, nimmt Vogelnefter aus und ftiehlt Eier. Wird übrigens fehr zahm, nur kann man ihm feine Rafchgelüfte nie abgewöhnen.

Das canadifche Borftenfchwein (*Erethizon dorsatum*), Ca-
nada porcupine, Urson, ift kleiner als das Stachelfchwein, mit 2½ Zoll langen Stacheln, unten weißlich, oben graubraun gefärbt. Kopf und Hals ha=
ben lange Borften. Lebt auf Bäumen, nährt fich von Rinden und Blättern, frißt indeffen auch Aepfel, Mais u. f. w. Bewohnt die kälteren Theile von Nordamerika.

Der amerikanifche Dachs oder Sandbär (*Meles labrado-
rica*). Badger, Claireau, ein naher Verwandter des in Europa und Afien vorkommenden Dachfes (*Meles vulgaris*). hat kurze fchiefe Beine mit ganzen Sohlen. Der Körper des amerikanifchen Dachfes ift weniger rund, als der feines Vetters in der alten Welt, der weiße, von der Schnauze bis zum Nacken reichende Streifen ift bei beiden vorhanden und die Grundfarbe des Pel=
zes ähnlich, bei dem Erfteren mehr gräulich als bei dem Letzteren. Von Natur aus find alle Dachfe fehr menfchenfcheu und vermeiden fo viel als möglich das Tageslicht. Sie graben Baue von ziemlicher Ausdeh=
nung in welchen die größte Ordnung und Reinlichkeit herrfcht, und nähren fich von Obft (Trauben), Rüben, Eicheln, Kräutern und Wurzeln u. dgl. Die im Garten befindlichen werden mit frifchem Fleifche gefüttert. Der amerikanifche Dachs bewohnt den weftlichen Theil Nordamerikas.

No. 12. — Der Wapiti-Park.

Der Wapiti (*Cervus Canadensis*), Wapiti or Elk, Cerf de Canada, ift größer als der Edelhirsch, hat eine stolze Haltung und sein Geweih erreicht eine enorme Höhe. Er bewohnt Canada und den Nordwesten und nährt sich von Gräsern und Baumzweigen. Er läßt, wenn aufgeregt, einen eigenthümlichen pfeifenden Laut hören, welcher bei Windstille eine weite Strecke vernehmbar ift. Die Familie im Garten besteht aus acht Exemplaren, wovon Eines vergangenes Jahr im Garten geboren wurde.

Wir überschreiten nun die Straße, gehen südlich an den Außenkäfigen des Affenhauses vorüber, lenken in einen südöftlich abbiegenden Fußweg ein und gelangen so zu

No. 13. — Der große Teich.

Auf diesem finden wir folgende Waffer- und Stelz-Vogelarten vertreten :

Der schwarze Schwan (*Cygnus atratus*), Black Swan, Cygne noir, aus Auftralien ftammend. Gefieder schwarz mit weißen Schwungfedern ;

Der Höckerschwan. (Cygnus olor.)

Schnabel roth, ohne Höcker. Ein Geschenk des Herrn John Anderegg in Cincinnati.

Der Höckerschwan (*Cygnus olor*), Common or Mute Swan. Cygne blanc, aus Europa, ein Geschenk des Herrn Adolph Strauch, Spring Grove, Ohio, größer als der vorige, von ftattlicher Haltung. Mit empor gerichteten Flügeln, den Hals nach hinten gelegt und prächtig gebogen, durchschwimmt er die Fluthen und treibt jeden anderen Vogel aus dem Wege.

Der Trompeterschwan (*Cygnus buccinator*) Trumpeter Swan, weiß mit schwarzem Schnabel ; Gefieder nicht so blendend weiß wie beim Höckerschwan. Sein Ruf klingt ähnlich wie der Schall einer Trompete. Lebt in Nordamerika im wilden Zuftande.

Das Paar im Garten wurde von Herrn George Fischer in Cincinnati geschenkt.

Die Schwanengans (*Anser cygnoides var alba*), Chinese Goose, soll aus China stammen. Die ächte Schwanengans hat einen großen Höcker auf der Schnabelwurzel, einen langen Hautlappen an der Kehle, der sich häufig bis zum Bauche fortsetzt. Bei der weißen ist der Schnabel gelb und die Füße fuchsroth, bei andersfarbigen schwarz.

Die canadische Gans (*A. Canadensis*), Canada Goose, Oie de Canada, ist die gemeine Wildgans Nordamerikas, welche alljährlich zweimal das Land auf ihren Zügen von Süden nach Norden und umgekehrt durchfliegt. Ihr Flug in Masse geschieht in derselben Gruppirung wie bei den anderen. Ihres helltönenenden Rufes wegen wird sie auch Trompetengans genannt.

Die Moschus= oder türkische Ente (*Cairina moschata*), Muscovy duck, Canard mux, stammt aus Südamerika, ist aber schon lange in Nordamerika und Europa eingebürgert. Gesicht nackt mit schwarzen und rothen Warzen, Schnabel mit einem Höcker versehen.

Das amerikanische Bläßhuhn (*Fulica Americana*), Coot, Foulque americain, unten gränlich, oben schwärzlich gefärbt, ist durch seinen weißen Schnabel und einen kleinen weißen Flecken auf der Stirne leicht zu erkennen. Heimath: Nordamerika.

Der braune Pelikan (*Pelecanus fuscus*), brown Pelican, Pelican foncé, bedeutend kleiner als der gemeine Pelican (*P. onocrotalus*), oben röthlichbraun mit einem Schimmer von Aschgrau, unten gelblich weiß; fällt durch das Mißverhältniß zwischen der Länge der Flügel und der Kürze der Füße, sowie durch den mit dem Schnabel verbundenen Kehlsack auf. Lebt in seiner Heimath dem südlichen Theile von Nordamerika und in Südamerika von Fischen.

Der canadische Kranich (*Grus Canadensis*), Sand-Hill-Crane, Grue du nord, Gefieder aschgrau, Flügel bräunlich gefärbt. Ein stattlicher Vogel, dem seine ponceaurothe Stirne gut ansteht.

Den Fußweg weiter verfolgend, gelangen wir an einer mit Sitzplätzen umgebenen Buche vorüber abermals auf die früher bewanderte breite Straße, woran direkt

No. 14. — Der Ziegen=Park
stößt.

Die Kaschmirziege (*Capra laniger*), Cashmere goat, Chevre de Cachmire. Das Haar der reinen Kaschmirziege ist lang, von silberweißer oder schwachgelber Farbe. Am seltensten und gesuchtesten ist das reine Weiß. Das Haar wird zur Anfertigung der feinsten aller Wollgewebe benutzt. In Frankreich wird die Kaschmirziege in großer Anzahl gezüchtet und der Ertrag, welcher aus den von den Thieren gewonnenen Haaren dem Lande erwächst, beläuft sich auf eine ansehnliche Summe. Die im Garten vorhandenen können kaum als Vertreter der reinen Race angesehen werden. Ein Paar davon ist ein

Geschenk des Herrn Albert Fischer, hier, dem der Garten auch mehrere anderweitige Geschenke verdankt.

Wir überschreiten eine Brücke unterhalb der Cascade und gelangen an

No. 15. — Das Biber-Basin.

Der amerikanische Biber (*Castor fiber*), Beaver, Castor, gehört unstreitig mit zu den interessantesten Thieren. Der Biber baut seine Kanäle, seine Höhlen, seine Wiesen und seine Burgen. Er ist Zimmermann und Maurer zugleich. Bäume bis zu zwölf Zoll Durchmesser fällt er mit seinen scharfen Zähnen und schafft die zum Baue seiner Wohnung und für seinen Wintervorrath nöthigen Holzstücke an Ort und Stelle. Sein sonderbar geformter flacher Schwanz dient ihm dabei als Ruder. Seine Nahrung besteht aus Baumrinde

Restauration.

und den Wurzeln einiger Wasserpflanzen. Fische werden von ihm nicht behelligt. Die Biber des Gartens erhalten als Nahrung außer Weidenrinde, Mais und gedörrte Aepfel. In Europa ist der Biber höchst selten geworden, bei uns zu Lande findet man ihn noch in größerer Anzahl in den Superior-Seeregionen und an einzelnen Flüssen im Nordwesten.

Hat sich beim Besucher mittlerweile Appetit oder Durst eingestellt, so ladet ihn das dem Biberbasin gegenübergelegene Restaurations-Gebäude zum Besuche ein. — In dem neuen Gebäude befindet sich außer einem geräumigen Bierlokale eine Weinstube und ein Damenzimmer. Im zweiten Stockwerke können kleine Gesellschaften separate Zimmer benutzen. Restaurateur ist Herr Theobald Thauwald, welcher seither die Wirthschaft in dem im vorigen Jahre errichteten temporären Restaurations-Gebäude neben der neuen Restauration führte.

Speisen und Getränke lassen nichts zu wünschen übrig, die Preise verhältnißmä=
ßig niedrig.

Von dem Restaurations=Gebäude aus laufen zwei Wege, ein Fußweg direkt
und die breite Straße, dieselbe, welche uns zur Stelle gebracht, an dem gegen=
wärtig unbewohnten Fischotterbasin vorbei zum

No. 16. — Bärenzwinger.

Hier sind es vor Allem ein Paar prächtige Grisly=Bären, welche durch ihre
colossalen gedrungenen Gestalten unsere Aufmerksamkeit erregen.

Der G r i s l y (*Ursus ferox*), Grizzly Bear, Ours Gris, verdient mit
vollem Rechte den ihm beigelegten wissenschaftlichen Namen "ferox"; er ist
in der That das blutdürstigste Thier seiner Gattung und das gefürchtetste Raub=
thier Nordamerikas, wo die Felsengebirge (Rocky mountains) seine Heimath
bilden. Der männliche Bär hat übrigens auch schon im Garten bewiesen, daß
es nicht rathsam ist, ihm zu nahe zu kommen, indem er einem allzudreisten Be=

Der Grisly=Bär. (*Ursus ferox.*)

sucher, welcher ungeachtet der Warnung des betreffenden Wärters seinen Arm
durch das Gitter schob, das genannte Glied derartig zerfleischte, daß es noch den=
selben Tag amputirt werden mußte. Mit jenem Vorfalle ist es sogar für Die=
jenigen, von welchen sich das Thier vordem berühren ließ, gefährlich geworden,
ihm Gelegenheit zu geben, von seinen ungeheuren Krallen oder scharfen Zähnen
Gebrauch machen zu können.

Die beiden Thiere, welche wohl in der Gefangenschaft ihres Gleichen nicht
finden, verdankt der Garten der Güte des Herrn Julius J. Bantlin, hier.

Der E i s b ä r (*Ursus maritimus*), Polar Bear, Ours blanc, ist durch
zwei halbausgewachsene Exemplare vertreten, welche durch ihr ziemlich rein=
weißes Haarkleid, besonders aber durch ihre häufigen Schwimm= und Tauch=
übungen, in dem in ihrem Raume angebrachten Basin, die Aufmerksamkeit des
Besuchers fesseln.

Der Eisbär unterscheidet sich durch seinen niedergedrückten Schädel und
seinen gestreckten Körperbau von den übrigen Mitgliedern seiner Familie. Er

bewohnt die nördlichen Küsten der ganzen Welt. Der völlig ausgewachsene Bär erreicht ein erstaunliche Größe. Capitain Lyon berichtet die Erlegung eines solchen Thieres, welches acht Fuß sieben einen halben Zoll in der Länge maß und 1600 Pfund wog. Als Nahrung ziehen sie in der Gefangenschaft Fische allem Andern vor, nehmen indessen auch mit Fleisch vorlieb. Sie sind sehr reizbar, schlagen mit den Vordertatzen um sich und wo sich die Gelegenheit bietet, machen sie von ihren Zähnen Gebrauch.

Der **Baribal oder schwarze Bär** (*Ursus americanus*), Black Bear, Ours noir, kleiner als die vorigen, ist glänzend schwarz mit rothbrau=

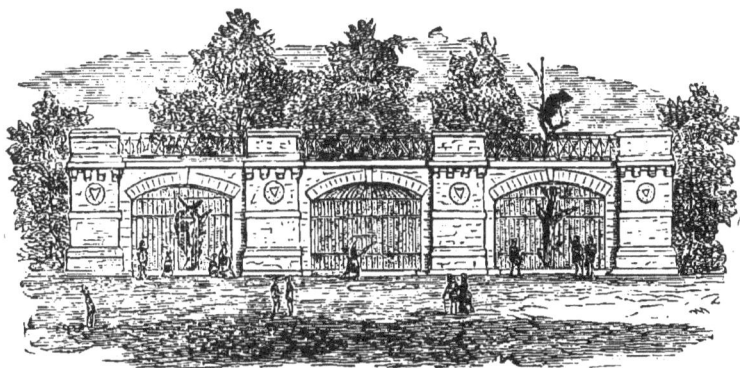

Bärenzwinger.

nen Flecken an der Schnauze, kommt in verschiedenen Theilen von Nordamerika vor. Er lebt von Beeren, Wurzeln, Insekten, Fischen und geht nur ausnahms= weise an warmblütige Thiere. Der schwarze Bär klettert vortrefflich, wovon unsere Exemplare hinreichenden Beweis liefern. Ohne gedrängt oder verwundet zu sein, greift er nie den Menschen an, und wenn er in der Selbstvertheidigung oder im Zorne diesen tödtet, so läßt er die Leiche unberührt liegen.

Der **Zimmet=Bär**, Cinnoman Bear, welcher ein braunrothes Haar= kleid trägt, ist weiter nichts als eine Abart des schwarzen Bären.

Eine Rustik=Brücke überschreitend und eine kleine Anhöhe ersteigend, gelan= gen wir zum

No. 17. — Straußenhaus.

Der **afrikanische Strauß** (*Struthio Camelus*), Ostrich, Au= truche, der größte aller Vögel, erreicht eine Höhe von sechs bis acht Fuß. Der Hals des Straußes ist dünn, fleischfarben und nur mit Flaum bedeckt. Flügel klein und nur mit Flattfedern versehen. Schenkel und Füße stark, erstere nackt. Die Farbe des Männchens ist schwarzbraun, Schwung- und Schwanzfedern weiß. Das Weibchen ist bräunlichgrau gefärbt und kleiner als das Männchen. In Marseille und St. Donato hat man den afrikanischen Strauß in der Gefangenschaft gezüchtet. Bei allen straußartigen Vögeln brütet das Männchen die Eier aus und übernimmt die Pflege der Jungen.

Der E m u (*Dromæus Novæ Hollandiæ*), Emu. Ein in Neu-Holland häufiger Vogel, nackt um die Ohren, das Gefieder borstenartig, dunkelgrau untermischt mit aschgrau, unten heller gefärbt, Kopf und Hals nur spärlich be-

Das Riesen-Känguru. (Macropus giganteus).

fiedert, Kehle leichtroth und fast nackt, am hintern Theile der Füße mit zackigen Schuppen versehen, kleiner als der afrikanische Strauß, jedoch größer als der Nandu und Kasuar.

Der H e l m k a s u a r (*Casuarius galeatus*), Common Cassowary, Casoar a Casque, finden sich auf den Molukken-Inseln und in Ceram, jedoch nirgends häufig, zeichnet sich durch seinen zusammengedrückten Schnabel und hornigen Helm aus. Gefieder bräunlich-schwarz, und Haaren ähnlich; Hals himmelblau gefärbt und mit rothen Kehllappen versehen. Anstatt der Flügel besitzt der Vogel einige Kiele ohne Bart.

In der Gefangenschaft ist der Vogel sehr unverträglich und duldet oftmals sein Weibchen nicht in der Nähe. Das im Garten vorhandene Paar ist ein werthvolles Geschenk der Herren K. Windisch, Mühlhäuser und Bro., hier.

Die nächste und letzte Abtheilung wird von mehreren Kängurus bewohnt.

Das R i e s e n k ä n g u r u (*Macropus giganteus*), Great Kangaroo, erreicht, den langen und starken Schwanz abgerechnet, oft eine Körperlänge von 5 Fuß. Im südlichen und westlichen Australien, seiner Heimath, lebt es in großen Gesellschaften unter der Leitung eines alten Männchens. Es wird mit Hunden gejagt und sein Fleisch gegessen. Die Vorderfüße dieses Thieres sind wie die der andern Kängurus im Verhältniß zu den Hinterfüßen ungewöhnlich kurz. Es hüpft anstatt zu laufen, wobei es die Vorderfüße an die Brust gebogen hält.

Die Kängurus gebären ihre Jungen in vollständig unreifem Zustande und zeitigen diese in einem an ihrem Unterleibe befindlichen mit einer Oeffnung versehenen Beutel aus. In diesem Beutel saugt sich das Junge an einer Zitze fest und verbleibt hier, bis es seine vollständige Selbstständigkeit erlangt hat. Nur wenn es schon etwas entwickelt ist, läßt das Junge bisweilen sein zierliches Köpfchen erblicken, zieht es aber schnell zurück, wenn man näher tritt.

Das Bennett'sche Känguru (*Halmaturus Bennettii*), Bennett's Kangaroo, ist das in der Gefangenschaft am häufigsten vorkommende, wo es sich leicht vermehrt. Lebt ebenfalls in Australien.

Das rothhalsige Känguru (*Halmaturus ruficollis*), Rednecked Kangaroo, der mittelgroßen Klasse angehörend findet sich in Neu=Süd=Wales und ist leicht durch seine grauröthliche Kehle zu unterscheiden.

Das einhöckerige Kameel oder Dromedar. (*Camelus dromedarius.*)

Zur linken Hand präsentirt sich jetzt:

No. 18. — Das Hirschhaus.

Wir finden:

Das Lama (*Auchenia Lama*), Lama, aus Peru stammend, kommt, wie die Thiere im Garten beweisen, in verschiedenen Farben vor, macht sich in seiner Heimath in vielfacher Weise dem Menschen nützlich. Es findet als Lastthier Verwendung, aus seinen Haaren werden Zeuge gewebt und sein Fleisch wird in der Küche verwendet. Man glaubt, daß das Lama von dem Guanaco abstammt. Die Lamas werden als die Kameele der neuen Welt angesehen und gehören zu den Wiederkäuern.

Der weiße Damhirsch (*Cervus dama var alba*), White fallow deer, gehört zu den zierlichsten Hirscharten, und ist seit Jahrhunderten in Europa eingebürgert. Der Damhirsch ist kleiner als der Edelhirsch, sein Geweih oben breit und handförmig getheilt.

Das weiße Damhirsch=Paar im Garten ist ein Geschenk des Herrn Aaron

Das zweihöckerige Kameel oder Trampelthier (*Came-lus bactrianus*), Bactrian camel, Chameau, ist von stärkerem Körperbaue als das einhöckerige Kameel oder Dromedar und dunkelbraun gefärbt. Asien ist die eigentliche Heimath des zweihöckerigen, Afrika die des einhöckerigen Kameeles. In seiner Heimath wird das zweihöckerige Kameel vorzugsweise als Lastthier, weniger zum Reiten benützt. In der Gefangenschaft verlieren die Kameele bis-weilen ihre Haare, wie es bei denen im Garten der Fall gewesen, und werden fast ganz nackt, wobei sich die Haut mit einem trockenen Ausschlage überzieht. Erst nach drei Monaten erhalten die neuen Haare ihre volle Länge.

Der Edel = oder Nothhirsch (*Cervus elaphus*), Red deer or Stag, Cerf commun, findet sich in Europa und in einigen Gegenden Asiens vor, wird ohngefähr sieben Fuß lang und vier Fuß hoch. Sein Körper ist kräftig und doch schön gebaut, und seiner stolzen Haltung wegen verdient er mit Recht den Namen Edelhirsch. Das Männchen wirft, wie alle Hirsche, sein Ge-weih alljährlich ab.

Der letzte Raum beherbergt zwei alte und einen jungen Damhirsch, welche bloß in der Farbe von den bereits angeführten abweichen.

Das Restaurationsgebäude zur Linken schreiten wir jetzt in beinahe gerader Linie zum

No. 19. — Affenhaus.

Die Affen zerfallen in drei Familien: Halbaffen (*Prosimiæ*), Affen der alten Welt (*Simiæ catarihinicæ*), und Affen der neuen Welt (*Symiæ platyrr-hinæ*). Wagner nennt die Affen „verwandelte Menschen", Brehm bezeichnet sie als Zerrbilder. An Gestalt und Wesen sind sie die dem Menschen am näch-sten stehenden Thiere. Sie bewohnen blos die wärmeren Länder, und gehen in den nördlichen Climaten in der Regel an Lungenkrankheiten, wenn sie keinen andern Leiden erliegen, zu Grunde.

Die meisten von ihnen leben in Wäldern, wo sie den größten Theil ihrer Zeit auf Bäumen zubringen. Sie sind mit Ausnahme der Felsenaffen geschickte Kletterer, wovon sie auch in der Gefangenschaft fortwährend Zeugniß ablegen. Allerlei Obst, Wurzeln, Nüsse, Blätter, Knospen, Zwiebeln und einige Pflanzen-stengel bilden ihre Hauptnahrung, doch verschmähen sie auch Eier und Insekten keineswegs.

Zum Gehen bedienen sie sich der Vorder= und Hinterfüße, selten bringen sie es dahin, sich eine weite Strecke in aufrechtstehender Haltung fortzubewegen. Nur wenige Arten führen ein einsiedlerisches Leben, am häufigsten findet man sie in größerer Anzahl beisammen. Der Affe muß immer als ein boshaftes, tückisches, naschhaft=lüsternes, unanständiges Thier betrachtet werden, das sich nur äußerst selten vollständig gehorsam gegen den Menschen zeigt, selbst wenn es mit der größten Liebe behandelt wird.

Wir betreten das Affenhaus durch die Thüre an der östlichen Seite und wenden uns links.

Der Rosenkakadu (*Cacatua roseicapilla*), Roseate Cockatoo, Cacatoes rosalbin, bewohnt den ersten Käfig. Der Rosenkakadu fällt besonders durch sein an den Kopfseiten, Hals und Unterseite purpurfarbiges Gefieder auf; die Schwingen sind aschgrau, am Ende bräunlich-grau gefärbt. Lebt in Australien.

Der Drill (*Cynocephalus leucophaeus*), Drill, ein dem Mandrill verwandter Affe, unterscheidet sich von dem letzteren durch seinen dunkleren Pelz und ein schwarzbraunes Gesicht. Ist fast stets in Bewegung und ein vortrefflicher Meister im Klettern. Lebt in West-Afrika.

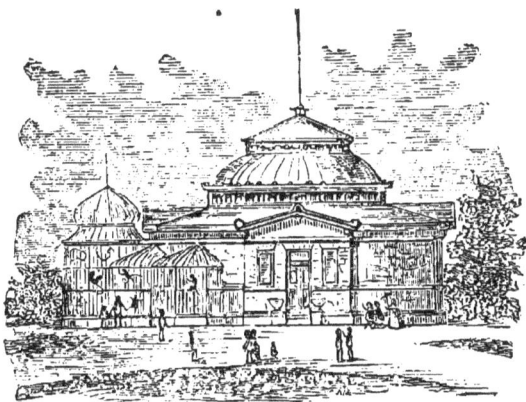

Affenhaus.

Der Gesellschaftskäfig ist mit Leitern, Schwingen und eisernen, an Stricken befestigten, Reisen ausgestattet, womit sich die hier untergebrachte Affenschaar nach Herzenslust amüsirt und die bewunderungswürdigsten akrobatischen Kunststücke ausführt. Vertreten sind:

a) Der Anubis-Pavian (*Cyn. anubis*), Anubis Baboon, der größte Affe im Käfig. Besonderes Merkmal: Gedehntes Gesicht und starke Nase. Heimath: Afrika.

b) Der Resus-Affe (*Macacus erythraeus*), Rhesus monkey, Macaque rhesus, mit fast haarlosem Gesicht, eine von den Indiern hochgeschätzte, zu den Makaken gehörende, Affenart.

c) Der gemeine Makak (*M. cynomolgas*), Common macaque,

Macaque commun, ein in der Gefangenſchaft häufiger Affe, lebt wie der vorige in Indien.

d) Der M o n a f f e (*Cercopitheus Mona*), Mona Monkey, iſt der einzige völlig ausgewachſene Affe im Affenhaus. Rücken und Seiten ſind grün= lichbraun, der After ſchiefergrau gefärbt. Das Geſicht und der Unterleib ſind weiß und von langen Backenhaaren eingefaßt. Das Exemplar im Garten ver= bringt die meiſte Zeit ruhig an einer Stelle kauernd zu, und läßt bisweilen, gewöhnlich bei eintretender Dämmerung, ein dumpfes Bellen ertönen.

Der ſchwarze Winkelaffe (*Cebus capucinus*), Weeper capu= chin, Sai, ein freundlicher kleiner Affe von dunkelbrauner Farbe, ſchwarzem Geſichte, Oberkopf und Greifſchwanz ebenfalls ſchwarz. Iſt immer aufgeweckt und ſtößt, wenn aufgeregt, winſelnde Laute aus. Südamerika iſt ſeine Heimath.

Der blaſſe Winkelaffe (*Cebus flavescens*), Pale capuchin, Sai pale, ein dem vorigen nahverwandter Affe, unterſcheidet ſich von dieſem durch ſeine hellere Farbe und vorzüglich durch ſein weißes Geſicht, weißen Schwanz und Oberkopf. Kommt gleichfalls aus Südamerika.

Der nächſte Käfig wird von einem Paar prächtiger Anubis_Paviane_be= wohnt. Ein Geſchenk des Herrn C. Hagenbeck, Hamburg.

Der M a n d r i l l (*Cyn. mormon*), Mandrill, iſt ein durch Farbenreich= thum ausgezeichneter Affe, Naſe roth, Schnauze blau, der übrige Körper braun mit einer Miſchung von Grün und Weiß. In der Jugend ziemlich zutraulich, im Alter dagegen ſehr bösartig. Lebt in Weſt=Afrika.

Der b r a u n e P a v i a n (*Cyn. Sphinx*), Guinea Baboon, gelblich= braun gefärbt mit dunkelbraunem Geſicht, welch' letzteres indeſſen Va= riationen der Farbe unterworfen iſt. Beſitzt ein ziemlich gutmüthiges Naturell und ſtammt aus Weſt=Afrika.

Der g e l b e P a v i a n (*Cyn. babuin*), Yellow Baboon, beſitzt ein grüngelbes Colorit, von ſchlanker Geſtalt, hat lange Vorderarme und ein bräunliches Geſicht, welches oft bei dem Thiere in das olivenſchwarze ſpielt.

Der g r a u e P a v i a n (*Cyn. Hamadryas*), Dog-faced Baboon, Tartarin, repräſentirt eine ſchon im Alterthume bekannte Affenart. Der graue oder Mantelpavian erreicht eine bedeutende Körpergröße. Die hier vorhande= nenen ſind junge Thiere und dem Männchen fehlt daher die dem ausgewachſenen eigene charakteriſtiſche Mähne, welche am Halſe und unterm Vorderkörper her= vortritt. Der graue Pavian bewohnt die Gebirge Arabiens und Abyſſiniens.

Die übrigen Käfige werden von zwei Kakadus und einem Waza=Papagei bewohnt.

Der G e l b h a u b e n k a k a d u (*C. galerit*), Sulpher-crested Cock- atoo, zeichnet ſich durch ſeinen fächerartigen, ſchwefelgelben Kamm aus. Der Körper trägt ein weißes Gefieder, die Füße ſind ſchwarz. Lebt in Au= ſtralien.

Der N a ſ e n k a k a d u (*C. nasica*), Slender-billed Cockatoo,

Schnabel lang und gebogen, hornweiß; Körper weiß; Kinn und Wangen mit scharlachrothen Flecken gezeichnet, ohne Haube; Füße horngrau. Heimath: Südaustralien.

Der Wazapapagei (*Psittacus vaza*), Vaza parakeet, Perroquet vaza, von der Größe einer Dohle, mit grauschwarzem Gefieder über dem ganzen Körper. Seine Heimath ist Madagaskar.

Wir verlassen den innern Raum des Affenhauses an der Westseite und schreiten auf eine Reihe von kleinen, im orientalischen Style erbauten, Häuschen zu.

No. 20. — Die Vogelhäuser.

In den innern Räumen sowie in den daran befindlichen Sommerkäfigen repräsentiren sich uns der Reihe nach folgende Vögel und Reptilien:

Die Schleiertaube, Jacobin pigeon, weiß mit rothen Schwingen und einer Federkrause auf der Brust.

Das weiße Minorca-Huhn, White leghorn fowl, weißes Gefieder, hoher Kamm und hohe federlose starke Füße.

Der Diamantfink (*Zoneaginthus guttatus*), Spotted-sided Finch, findet sich in Südaustralien.

Das Helenafasänchen (*Habropyga astrild*), Long-tailed wax-bill, lebt in Westafrika.

Der Grauastrild (*Hab. cinera*), Common waxbill, kommt von Westafrika.

Das Orangebäckchen (*Hab. melboda*), Orange-checked wax-bill, Heimath: Afrika.

Der Tigerfink (*Pytelia amandara*), Amanduvate Finch, Pinson amandare, aus Indien stammend.

Der Bandfink (*Sp. fasciata*), Cut-throat Finch, Pinson a ruban, zu finden in Mittelafrika.

Das Elsterbögelchen (*Sp. cucullata*), Hooded Finch, Pinson huppe, aus Afrika.

Der Silberschnabel (*Sp. cantans*), Silverbill, Afrika.

Der Muskatfink (*Sp. punctularia*), Nutmeg bird, Malakka, Java, ꝛc.

Der Schmetterlingsfink (*Uræginthus phœnicotis*), Crimson-eared waxbill, Afrika.

Die genannten Prachtfinken bewohnen den ersten Winterkäfig. Weiter folgt:

Der Staar (*Sturnus vulgaris*), Starling, Etourneau, ein munterer, heiterer Vogel, welcher sich dazu abrichten läßt, kleine Liedchen zu pfeifen und einige Worte zu sprechen. Bewohnt Europa.

Der Glanzstaar (*Lam. auratus*), Glossy starling, ein aus Ostafrika stammender Vogel, welcher sich besonders durch den schwarzgrünen Glanz seines Gefieders auszeichnet.

Die Glanzelster (*Lam. æneus*), Glossy magpie, ein an Gestalt und im Betragen der Elster ähnlicher Vogel von gleichem Gefieder des Glanz= staars. Kommt in Afrika vor.

Der rothe Kardinal (*Card. virginianus*), Cardinal Grosbeak, ein bekannter, in ganz Nordamerika vorkommender Vogel von rothem Gefieder und mit einer Haube versehen. Wird auch bisweilen „virginische Nachtigall", genannt.

Der Dominikaner (*Par. dominicana*), Red-headed cardinal, ein in Brasilien häufiger Vogel; unten weißgrau Rücken aschgrau, Kopf und Kehle scharlachroth.

Der Graukardinal (*Par. cucullata*), Red-crested cardinal, unterscheidet sich von dem vorigen hauptsächlich durch eine rothe Haube. Be= wohnt Brasilien, Paraguay und Bolivia.

Die Tummeltaube (*Tumbler pigeon*), kömmt in verschiedenen Farben vor und verdankt ihren Namen dem Umstande, daß sie sich im Fluge häufig hinterrücks überschlägt.

Die Dohle (*Corvus monedula*), Jackdaw, Choucas, ein in der gan= zen nördlichen alten Welt häufiger Vogel von schwarzem Gefieder, mit aschgrauer Kehle. Im Herbste schaaren sie sich zusammen und umschwirren hohe Gebäude und Kirchthürme. In der Lebensweise ähneln sie den Krähen.

Der Kolkrabe (*Corv. carnivorus*), Raven, Corbeau, der größte Vertreter der Rabenvögel. Gefieder gleichmäßig schwarz. Lebt in Europa, Asien und Nordamerika.

Der abyssinische Nashornvogel (*Bucorvus abyssinicus*), Ground-hornbill, Calao nasique, gehört zu den größten Arten der Horn= raben. Sein Gefieder ist mit Ausnahme der gelblichweißen Handschwingen schwarz. Kennzeichnet sich durch seinen langen dicken Schnabel, welcher oben mit einem hornähnlichen Auswuchse versehen ist. Seine Laute haben einen kurzen tiefen Schall. Afrika ist seine Heimath.

Der Kahlkopfgeier (*Vultur calvus*), Pondicherry vulture, Capovaccajo, aus Indien, zeichnet sich durch seinen kahlen Kopf und Hals und sein an der Unterseite vorhandenes flaumartiges Gefieder aus. Schwanz und Flügel sind dunkelbraun, der Nacken etwas heller gefärbt. Lebt in seiner Heimath vorzugsweise von Aas.

Die Wandertaube (*Ect. migratorius*), Passenger pigeon, eine in Nordamerika häufige wilde Taubenart, welche im Herbste sich in großen Flü= gen zusammenrottet.

Die Trommeltaube (*Trumpeter pigeon*), kommt in verschiedenen Farben vor, bei der ächten Race ist der Oberkopf mit einer mützenartigen Feder= haube geziert.

Die rothe Arara oder Arakanga (*Ara macao*), Red and blue maccaw, Ara rouge, ist ein stattlicher Vogel, dem namentlich sein langer Schwanz ein stattliches Ansehen verleiht. Die Araras gehören zu den hervorragendsten Papageienarten und bewohnen Süd- und Mittelamerika. Das Gefieder der rothen Arara ist scharlachroth, obere Seite der Schwanzfedern himmelblau, unten hochroth. Flügel und Schulter gelb mit grünen Flecken.

Die Grünflügel-Arara (*A. cloptera*), Red and yellow maccaw, von derselben Größe wie der vorige, besitzt ein dunkelrothes Gefieder, Hinterrücken und obere Schwanzfedern hellblau, Schwingen dunkelblau; Flügeln und Schultern dunkelgrün, Schwanzfedern purpurroth, am Ende himmelblau. Wangen fleischfarben und mit einzelnen rothen Federchen besetzt.

Die Soldaten-Arara (*A. militaris*), Military maccaw, ein ebenfalls großer Vogel, Gefieder olivengrün, Wangen und Kinn braun, Stirn scharlachroth.

Das Goldbantam-Huhn, Golden Bantam fowl, gehört mit zu den kleinsten Hühnerarten. Das Bantamhuhn kommt in verschiedenen Farben vor.

Die gemeine Brieftaube, Common carrier pigeon.

Im Innern des mittleren Vogelhauses, wo wir jetzt angelangt sind, finden wir in Käsigen und Glaskästen vertreten.

Das Schopfrebhuhn (*E. cristatus*), Crested colin, von ähnlichem etwas dunkelbraunen Gefieder der Wachtel, Kopf schwärzlich mit einem weißen Strich über den Augen und kleinen Schopf. Lebt in Südamerika.

Der indische Mino (*Gracula religiosa*), Hill mynah, aus Indien. Gefieder glänzend schwarz mit einigen weißen Schwungfedern, Schnabel gelb, und gelbe Ohrlappchen.

Die Kuba Amazone (*Chr. leucocephala*), White-fronted amazon. Eine ausschließlich auf Cuba vorkommende Papageienart. Gefieder dunkelgrün, Stirn und Vorderkopf weiß; Backen, Kehle und Kinn hochroth.

Die Rosella (*Pl. eximus*), Rose-hill parakeet, aus Südaustralien; Brust, Kehle, Kopf und untere Schwanzfedern roth, Schultern und Hinterhals schwarz und gelb eingefaßt; vorderer Unterleib gelb; Bauch und After hellgrün, gelblich durchschimmert. Kommt aus Südaustralien.

Der kleine Pfefferfresser, (*Ramphastus tricolorus*), Minor toucan, ist etwa 1½ Fuß lang, schwarz, Kehle und Flügel hochgelb, Bauch und Bürzel carminroth, Augenring blutroth, Schnabel schwarzbraun mit einem gelben Ring nahe dem Kopfe; findet sich in Brasilien, wo auch der große Pfefferfresser (*R. ariel*) zu Hause ist. Letzterer hat Weiß an Kehle und Bürzel und einen gelbrothen Schnabel.

Das Grauköpfchen (*P. cana*), Grey-headed parakeet, zu den Zwergpapageien gehörend, von grünem Gefieder mit grauen Federn am Kopf. Madagaskar ist seine Heimath.

Der Blauheher (*Garrulus cristatus*), Blue jay. Oben glänzend blau, unten grauweiß gefärbt, mit einer aus blauen Federchen bestehenden Haube. Ist gemein in ganz Nordamerika, wo er unter den kleineren Vögeln große Verheerungen durch Zerstörung der Eier und Tödten der Jungen, anrichtet.

Die Klapperschlange (*Crotalus durissus*), Rattlesnake; Serpent a sonette, braun mit unregelmäßigen schwarzen Binden; der Schwanz grau-schwarz, der Bauch weißgrau, mit kleinen schwarzen Flecken. Lebt in Nordamerika und kann in der Gefangenschaft bei geeigneter Wärme, lange Zeit ohne Nahrung aushalten.

Die schwarze Schlange (*Coryhodon constrictor*), Black snake, eine in ganz Nordamerika gemeine Schlange, welche eine bedeutende Länge erreicht und ihren Aufenthalt in der Nähe von Gewässern aufschlägt. Sie gehört zu den nicht giftigen Schlangen.

Die nordamerikanische Kupferschlange (*Agkistrodon contortrix*), Copperhead, röthlichbraun mit dunkeln Querbändern. Gehört zu den giftigsten Schlangen in Nordamerika.

Der Goldzeisig (*Fringilla tristis*), Yellow bird, gelb mit schwarzen Schwingen und Oberkopf. Im Winter grau und schwarz gefleckt. Nährt sich vorzugsweise im Winter von Distelsaamen und ähnelt im Winterkleide dem europäischen Distelfink.

Der Goldfasan (*Thau. pictus*), Golden pheasant, ein mit einem prachtvollen Gefieder ausgestatteter Vogel. Beim Männchen ist die Unterseite des Körpers karmosinroth gefärbt. der Kopf mit einem goldenen Federbusch, der Hals mit einem hellgelben und schwarz-geränderten Kragen bedeckt; die Rückenfedern sind dunkelgrün. der Bürzel gelb, die Flügel rothbraun gefärbt; Backen roth, Augen goldgelb und Füße fahlbraun. Das Weibchen ist kleiner, auf dem Rücken mattroth und an der Unterseite rostgraugelb mit schwarzen Querstrichen über den ganzen Körper gezeichnet. In Europa wird dieser prachtvolle Vogel vielfach gezüchtet. Obwohl von Natur aus schüchtern, wird der Goldfasan jedoch sehr zahm. wenn er von Jugend auf stets in der Nähe von Menschen lebt. Daß der Goldfasan. sowie die Fasanen überhaupt, weit mehr Kälte ertragen kann, als man gewöhnlich annimmt, haben die im Garten befindlichen während des vorigen Winters zur Genüge bewiesen. Die in dem Käfige eigends für den Zweck ihnen bei kalten Wetter als Schlupfwinkel zu dienen. angebrachten Strohhäuschen wurden von den Vögeln nie, wenigstens nicht zur Nachtzeit benutzt sie zogen es vielmehr vor, die Nacht auf den nahe der Decke des Käfigs angebrachten Sitzstangen zuzubringen, allem Wind und Wetter Trotz bietend. Bei der Nahrung nehmen sie mit Vielem vorlieb was unsere gewöhnlichen Haushühner verzehren. nur muß man ihnen gelegentlich etwas Grünes, Obst oder Beeren dazwischen verabreichen.

Der Silberfasan (*Phas. nykthemerus*), Silver pheasant, ist

größer als der Goldfasan und stammt wie dieser aus China. Er wird in Europa noch viel häufiger auf den Höfen wohlhabender Leute gehalten, als der Goldfasan weil er weniger zärtlich ist. Beim Männchen ist der Unterkörper schwarz, der Oberkörper weiß mit feinen Linien durchzogen. Auch bei ihm zeigt sich seine Schönheit in voller Pracht während der Paarungszeit, wo der rothe Fleischkamm anschwillt und fast den ganzen Kopf bedeckt. Der Silberfasan wird zahmer und dreister als die meisten seines Geschlechts. Ja das Männchen greift sogar zuweilen den Menschen an und weiß dabei seinen spitzen Sporn am Fuße vortrefflich zu verwenden. Das Weibchen ist ebenfalls bedeutend kleiner; oben rostbraun und grau gesprenkelt, Kinn und Wange weißgrau, Unterkörper weiß mit rostbraunen Flecken und schwarzen Querlinien. Es legt über ein Dutzend Eier und brütet sie in 23 Tagen aus.

Weßhalb man hier zu Lande der Fasanenzucht bisher so geringe Aufmerksamkeit geschenkt hat, muß in der That Wunder nehmen, da doch sonst die Liebhaberei für schönes Federvieh ziemlich allgemein ist.

Die Kropftaube, Pouter pigeon, zeichnet sich durch ihren ungewöhnlich großen Kropf aus. Kommt in verschiedenen Farben vor.

Die Wachtel (*Conturnix communis*), Quail, ein wegen seines eigenthümlichen Schlages wohlbekannter Vogel. Bewohnt Europa und Theile von Asien und Afrika.

Der Reisvogel (*Padda oryzivora*), Java sparrow, grau mit starkem kurzen Schnabel und weißen Bäckchen. Lebt in Asien.

Der Indigovogel (*Fr. cyanea*), Indigo bird, himmelblau, von der Größe eines Zeisigs, jedoch von schlankerem Körperbaue. Bewohnt Nordamerika.

Der Goldammer (*Emb. citrinella*), Yellow bunting, etwas größer als der Sperling, von gelber braungesprenkelter Federzeichnung.

Der Papstfink (*Fr. ciris*), Nonpareil, etwas größer als der Indigovogel, Kopf und Hals dunkelblau, Schultern und Armschwingendeckfeder grasgrün, Unterseite hochroth, Schwanzfedern dunkelbraun, roth eingesäumt. Bewohnt den südlichen Theil von Nordamerika.

Der Edelfink (*Fr. coelebs*), Chaffinch, ein über ganz Europa verbreiteter Vogel, welcher sich durch seinen vortrefflichen Schlag auszeichnet. In Deutschland ist er außer dem bereits angeführten Namen noch als Wald-, Garten-, Schild-, Spreu-, Roth-, Spott- und Buchfink bekannt.

Der Leinfink (*Aegiothas liniarius*), Lesser red-pol, von der Größe des Zeisigs, mit rother Stirn und Brust, übrige Theile des Körpers grau mit einigen braunen Flecken am Hinterkopf und auf dem Rücken. Bewohnt die nördlichen Theile der alten und neuen Welt.

Der Zeisig (*Fr. spinus*), Siskin, Nacken, Hinter- und Oberkopf und obere Kehle schwarz, Schultern und Hinterhals grün, Seiten, Bauch und Unterbrustweißgrau, untere Schwanzdeckfeder und Aftergegend gelb. Lebt in Europa und Asien.

Die Meiſendroſſel (*Liothrix lutens*), Red-billed hil'-Tit, ein munterer Vogel von buntem Gefieder und rothem Schnabel. Heimath Indien.

Die Spottdroſſel (*Mimus polyglottus*), Mocking bird, der aner= kannteſte beſte Singvogel in Nordamerika. Bekannt durch ihre Eigenſchaft den Geſang anderer Vögel leicht nachzuahmen.

Der Katzenvogel (*Gal. carolinensis*), Cat bird, kleiner als die Spottdroſſel, mit grauem Gefieder und ſchwarzer Stirne. Ein beliebter Sän= ger, welcher zuweilen dem Miauen der Katze ähnliche Töne vernehmen läßt.

Der Grundrötel (*Emp. erythrophthalmus*), Ground robin, etwas größer als der Goldammer, Bruſt und Oberſeite ſchwarz, Seiten braunroth, an der Unterſeite einen weißen Streif, Schwingen ſchwarzbraun. Ueber die ganzen Vereinigten Staaten verbreitet.

Die graue Bachſtelze (*Motacilla alba*), White wagtail, ein in ganz Europa bekannter Vogel, welcher mit Vorliebe ſeichte Bäche durchwatet, wobei der Schwanz fortwährend bewegt iſt.

Die Schwabentaube, Brown-spangled Suavian pigeon, ſchwarz mit braunen ſchwarz beſprengten Schultern.

Die Gimpeltaube, Archangel pigeon, Kopf, Hals und Bruſt kupferbraun, der übrige Körper ſchwarz.

Das Hamburger Prachthuhn, Silver-spangled Hamburg fowl, glänzend weiß, ſchwarz beſprengelt, mit breitem feingezackten blutrothen Kamm.

Die Berglerche (*Alauda alpestris*), Shore-lark, oben fahlbraun, dunkel gefleckt, unten weiß, Seiten blaßröthig, Schwingen braun, Kehle und Stirn ſchwarz. Wenig größer als die Feldlerche. Bewohnt den Norden der alten und neuen Welt.

Die Feldlerche (*A. arvensis*), Sky-lark, einer der gefeiertſten befie= derten Sänger in Europa.

Die Möventaube, Turbit pigeon, Flügel hellblau oder braun ge= färbt, übrige Körpertheile weiß, mit einer Federkrauſe am Halſe.

Der Blutſchnabelweber (*Pl. sanguinirostris*), Red-beaked weaverbird, Kinn und Kehle ſchwarz, oben graubraun, Feder fahlbraun ge= ſäumt, Unterkehle und Vorderkopf blaßröthlich, Schnabel dunkelroth. Lebt in Afrika.

Der Rothkopfweber (*Pl. madagascariensis*), Red-headed weaverbird, von gleicher Größe des vorigen, oben dunkelbraun, Kehle und Kinn ſchwarz, Feder roth geſäumt, Kopf und Hals dunkel ſcharlachroth. Be= wohnt Africa. Außer den beiden angeführten enthält der Käfig noch mehrere Webervögel-Arten.

Der Wellenſittich (*Mel. undulatus*), Untulated grass parakeet or Shell parrot, ein munterer in der Gefangenschaft sich leicht fortpflanzender Papagei von blaßgrünlich gelben Gefieder. Seine Heimath ist Australien.

Die Mohrenkopftaube, Moorehead pigeon, weiß mit schwarzem Kopf und Schwanz.

Die Lachtaube (*Turtur risorius*), Barbary turtle-dove, Tourterelle rieuse.

Die Pfauenschwanztaube, Fantail pigeon, mit einem aufgerichteten hühnerartigen Schwanze.

No. 21. — Das Raubthierhaus.

Der Löwe (*Felis leo*), Lion, ist ein seit den ältesten Zeiten bekanntes Thier, die größte Gattung des Katzengeschlechtes. Das Ebenmaß der Glieder, die besonders breite Brust, die Hals und Schultern bedeckende Mähne, seine stolze Haltung verleihen dem Thiere ein majestätisches Aussehen. Die Beispiele seiner Großmuth sind zahlreich, wenn auch vielleicht manchmal übertrieben. So viel

Der Leopard. (Felis pardus.)

scheint fest zu stehen, daß der Löwe nur dann tödtet, wenn ihn der Hunger dazu treibt. Die fast allen andern Katzarten eigene tückische Natur findet man nur selten bei dem Löwen. Das Weibchen hat keine Mähne und ist kleiner als das Männchen. Sie tragen wie alle größeren Katzen 16 Wochen und die Jungen kommen mit offenen Augen zur Welt. Afrika und Asien bilden die Heimath des Löwen, wo er in verschiedenen Farben vorkommt.

Die gefleckte Hyäne (*Hyaena crocuta*), Spotted hyaena, Hyène trachetee, ist weit weniger gefährlich als Raubthier als ihr Ruf; bewohnt nur die heißen Länder, wo sie sich durch ihre Vorliebe für Aas in sanitärischer Beziehung nützlich machen. Sie graben in Südostafrika die nur mit wenig Erde bedeckten Leichen der Wilden aus, und diesem Umstande muß es hauptsächlich zugeschrieben werden, daß man sie für gefährliche Leichenräuber schon seit den ältesten Zeiten verschrieen hat. Ihre Beißwerkzeuge sind kräftig, und wenn die Hyäne sich einmal verbissen hat, so hält sie dann mit einer Zähigkeit an dem betreffenden Gegenstande fest, wie man diese nur bei dem kleinen Bullenbeißer gewöhnt ist. Der Unterschied des Geschlechts ist bei diesen Thieren außerordentlich schwer festzustellen. Die gestreifte Hyäne ist kleiner und nicht im Garten vertreten.

Der afrikanische Leopard (*Felis pardus*), African leopard, Leopard d'Afrique, ist die geschmeidigste aller Katzenarten. Seine Farbenzeichnung, sein gleichmäßiger Körperbau und seine anmuthigen Bewegungen heben ihn über sämmtliche Mitglieder der zahlreichen Katzenfamilien heraus. Der indische Leopard unterscheidet sich nur wenig von dem vorigen.

Der Puma oder Silberlöwe (*Felis concolor*), Puma, Couguar, kömmt in brauner und grauer Färbung vor; Unterseite stets heller. In seiner Lebensweise hat er Vieles mit dem Leoparden gemein. Der kleine Kopf läßt den Puma als ein schwächeres Thier erscheinen, als es in Wirklichkeit ist. Seine Mordgier ist bekannt. Während einer Nacht sind schon dreißig und mehr Schafe von einem Puma getödtet worden, ohne daß er einen Bissen davon genossen hätte. Wo der Puma seinen Hunger und seinen Blutdurst nicht an

Der Puma) (Felis concolor.)

Schafen und an Kälbern stillen kann, tödtet und frißt er kleine Säugethiere, namentlich Koatis, Agutis und Paccas. Er ist ein vorzüglicher Kletterer, und überfällt gern sein Opfer von dem Aste eines Baumes aus. In waldarmen Gegenden versteckt er sich in das hohe Gras, selten in Höhlen. Bewohnt Südamerika, Mexiko und Theile, namentlich den Westen, der Vereinigten Staaten.

Der Tiger (*Felis tigris*), Tiger, Tiger royal, ist durch ein Paar dieser edlen prachtvoll gezeichneten und gefärbten Katzenart im Garten vertreten. Der Tiger kömmt in Ostindien noch immer in großer Anzahl vor, obschon man seit Jahren Alles versucht hat, um denselben so viel als möglich zu vertreiben. In Deccan allein hat man in vier Jahren über ein Tausend getödtet. Der Verbreitungskreis des Tigers erstreckt sich von Java bis Sibirien. In Asien ist er das stärkste Raubthier, mit dem der dort an einigen Stellen vorkommende Löwe sich nicht messen kann, nur der afrikanische Löwe ist vielleicht im Stande, den Tiger zu bewältigen. Der Tiger ist weniger Nachtthier als der

Löwe und überfällt zu jeder Tageszeit sein beschlichenes Opfer. Seine Beute wird von ihm in das Dickicht geschleppt, selbst wenn diese aus einem Pferde oder Ochsen besteht; ein Beweis seiner außerordentlichen Körperkraft. Die indischen Fürsten lassen häufig Thiergefechte zwischen dem Elephanten und dem Tiger, und dem gemeinen Büffel und dem Tiger veranstalten.

Das Hermelin (*Mustella Erminea*); Stoat, hermine, größer als das Wiesel, im Winter weiß, im Sommer röthlichgelb mit einer Mischung von weiß; die Schwanzspitze während des ganzen Jahres schwarz. Aehnelt in seiner Lebensweise dem Wiesel und bewohnt Theile von Europa, Asien und Amerika.

Die Luchskatze (*Felis rufa*); American wild Cat, Chat arvier. Kleiner als der Luchs, kurzen Backenbart, kurzen dünnen Schweif. Lebt vorzugsweise in dichten Wäldern, wo sie einen Felsenriß oder hohlen Baum zu ihrem Schlupfwinkel wählt. Des Nachts begibt sich die Wildkatze auf Raubzüge. Nordamerika ist die Heimath der Luchskatze. Das Exemplar hier ist

Der Zebu. (Bos indicus.)

von Herrn H. H. Lippelmann, Cincinnati, dem Garten zum Geschenk gemacht worden.

Die Ginsterkatze (*Genetta vulgaris*), Common Genet, von schlankem zierlichen Körperbau, grau gefärbt, mit schwarzen Fleckenreihen, unter jedem Auge ein weißer Fleck, am Halse drei Querstreifen. Afrika ist das eigentliche Heimathsland der Ginsterkatze, kömmt indessen auch in Spanien und im südlichen Frankreich vor.

Der Palmenmarder (*Paradoxurus typus*), Bush Cat, Paradoxure type, besitzt wenig bemerkenswerthe Eigenschaften, ernährt sich in seiner Heimath auf der indischen Halbinsel von Früchten, Vögeln und kleinen Säugethieren. Seine Bewegungen sind träge in der Gefangenschaft sowohl als im Freien. Der auf Java, Sumatra, Borneo &c. vorkommende Musang (*Paradoxurus musanga*) ist ein naher Verwandter des Palmenmarders.

Das Opossum (*Didelphus virginiana*), findet sich in Mexico und über ganz Nordamerika verbreitet, frißt Wurzeln, Früchte und Fleisch. Sein Braten bilbet einen Leckerbissen für die in den südlichen Staaten wohnenden Neger. Kopf Hals und Nacken sind weiß; Nase fleischfarbig, um die Augen ein brauner Ring. Die untere Seite des Ohres ist schwarz.

Der Mink (*Vison americanus*), hat Vieles mit dem europäischen Nörz gemein, lebt aber vorzugsweise in der Nähe kleiner Flüsse. Er richtet unter dem Geflügel womöglich noch größere Verheerungen an als der Marder oder das Wiesel.

Oberhalb des Eingangs an der Westseite, im Innern des Raubthierhauses, ist das Fell des Steinesels ausgestopft, welcher durch seinen siegreichen Kampf mit einer im Garten ausgebrochenen Löwin zu einer Weltberühmtheit geworden ist.

Zwischen dem westlichen Ende des Raubthierhauses und den Vogelhäusern führt die Straße durch, auf der wir zuletzt gewandert, wir verfolgen dieselbe, biegen mit ihr nach der linken Seite um und gelangen nun zum

No. 22. — Yak-Park,

welches außer den Yaks noch einem Paar Zebus Quartier liefert.

Der Zebu (*Bos indicus*), Zebu, hat eine, dem zahmen Ochsen ähnliche breite Stirn und einen Höcker auf dem Rücken dicht hinter dem Halse. In ihrer Heimath Ostindien werden sie zum Fahren und Tragen der Lasten benützt. Die schönsten von ihnen „Braminien" werden geschont und heilig gehalten. Der Zebu ist ein lebhaftes und gutmüthiges Rind. Mit unserem Hausrind erzeugt der Zebu Blendlinge, welche zur Fortpflanzung tauglich sind.

Der Yak oder Grunzochse (*Bos grunniens*), Yak, hat ein lang behaartes Fell und einen buschigen Schweif. Er bewohnt die Gebirge von Tibet, in Asien, und kömmt auf dem Himalaya bis zu 10,000 Fuß über der Meeresfläche vor, macht sich als Hausthier vielfach nützlich, und wird häufig als Lastthier verwandt.

No. 23. — Der Hundezwinger.

Der Spitz (*Canis familiarus Pomeranus*), Pomeranian dog, chien loup, ist durch ein Paar weiße und ein Paar schwarze Exemplare vertreten.

Der Spitz eignet sich wegen seiner außerordentlichen Wachsamkeit besonders zum Hofhund. Er ist zäh, und mehr gegen Nässe als gegen Kälte empfindlich.

Der Dachshund (*C. f. vertagus*), Badger or beagle hound, Basset, gehört in Europa zu den gesuchtesten Jagdhunden. Er ist meistens nur zu einer Jagdweise zu gebrauchen, welche darin besteht, unterirdisch wohnende Thiere aus ihren Wohnungen zu vertreiben. In früheren Zeiten wurde der Dachshund in England und Frankreich vielfach zum Wenden des Bratspießes abgerichtet und erhielt in Folge dessen die englische Benennung "Turnspit".

Der englische Hühnerhund (*C. f. avinlarius*), Setter, Braque. Hühnerhunde gibt es drei verschiedene Spielarten — der russische —

irländische — und englische Hühnerhund. — Der russische unterscheidet sich von den anderen durch sein außergewöhnlich langes Haar und großem Behange. Der irländische ist hinsichtlich seines Körperbaus und Haarwuchses nur wenig von dem englischen Hühnerhunde verschieden, bloß die Beine sind bei ihm verhältnißmäßig größer.

Die dänische Dogge (*C. f. anglicus*), Mastiff, Doque de forte race. Von allen Hunden besitzt die Dogge den meisten Muth. Auf Fassen von Thieren kann sie mit Leichtigkeit abgerichtet werden. Treue und Liebe zu ihrem Herrn sind Eigenschaften, die der Dogge abgehen. Häufig geschieht es, daß der gehetzte Hund seinem eigenen Herrn zu Leibe geht. Bei der Eroberung von Mexiko wandten die Spanier derartige Hunde dazu an, die Indianer einzufangen.

Der Vorstehhund (*C. f. gallicus*), Pointer, Chien courant, unter den Jagdhunden der beliebteste.

Der Pudel (*C. f. aquaticus*), French poodle, Barbet, ist durch ein Paar weiße und ein Paar schwarze vertreten. Der Pudel ist der gelehrigste, gehorsamste und treueste aller Hunde.

Der Neufundländer (*C. f. terrae novae*), Newfoundland dog, der Riese unter den Seidenhunden. Er ist der vorzüglichste unter den Wasserhunden, schwimmt stundenlang im Meere, und ebenso gut gegen den Strom als mit diesem. Als Retter Ertrinkender leistet dieser Hund vortreffliche Dienste. Hunderte von Fällen sind bekannt, wo durch die Kraft und den Muth desselben Personen vom Ertrinken gerettet wurden. An diese vortreffliche Eigenschaft reihen sich bei ihm noch Gutmüthigkeit, Sanftmuth und Dankbarkeit.

Das italienische Windspiel (*C. f. italicus*), Italien greyhound, Levron, das kleinste Mitglied der Windhundfamilie, wiegt selten mehr als 5—7 Pfund.

Der Leonberger ist eine Kreuzung zwischen dem ausgestorbenen St. Bernhard und dem Pyrinäen-Hunde. Er ist ein großes, langhaariges und starkes Thier mit langem Behang, und besitzt viele der Eigenschaften des Hundes, welcher früher auf dem Hospize von St. Bernhard gehalten wurde.

Der kleine Wachtelhund, King Charles dog. In England werden diese Hunde "King Charles" genannt, weil König Karl II. immer einige dieser Hunde mit sich führte. Als Stubenhund ist der kleine Wachtelhund sehr beliebt. Damen pflegen ihn gern als Schooßhund zu halten.

Der Mops (*C. f. fricator*), Pug dog, Doguin. Der Mops gehört zu den Hundearten, welche auf dem Aussterbe-Etat stehen. Unter den europäischen Thiergärten besitzen nur der zu Amsterdam und der zu Frankfurt diese Hundeart. Der Mops steht in geistiger Beziehung am tiefsten unter den Hunden. Sein Körperbau hat viele Aehnlichkeit mit dem des Bullenbeißers. Er besitzt eine seltsam geformte, abgestutzte Schnauze, und schraubenförmig gerollten Schweif.

Der nackte oder türkische Hund (*C. f. aegypticus*), Naked mexican dog, Chien turc, zeichnet sich durch seinen fast haarlosen Körper aus. Der Kopf ist nur spärlich mit gelbbraunen Haaren bewachsen. Sehr empfindlich gegen die Kälte.

Sämmtliche Hunde sind dem Garten zum Geschenke gemacht worden. Der türkische Hund ist ein Geschenk von Herrn Leopold Fais, hier; der Neufundländer ist von Herrn J. Johnson & Bro., hier; das Windspiel erhielt der Garten von Herrn J. L. Gaussen, hier; die Hühnerhunde sind von Herrn Thomas Anderson, hier; und alle übrigen Hunde verdankt der Garten der Güte des Herrn Andreas Erlenbrecher.

No. 24. — Antilopen-Park.

Das Mähnenschaf (*Ammotragus tragelaphus*), Aoudad, hat eine vom Oberhals über die Brust bis zu den Beinen reichende Mähne, ist oben fahlroth, unten etwas heller gefärbt. Die im Garten sind recht muntere Thiere, was im Allgemeinen bei den Mähnenschafen nicht der Fall ist. In seiner Heimath Afrika hält sich das Thier in felsenreichen Gebirgen auf, und flüchtet, sobald es den Menschen in seiner Nähe weiß. Die Araber lieben sein Fleisch, welches dem des Hirschen ähnlich schmecken soll.

Die Gabelgemse (*Antilopacapra americana*), Pronghorn antilope, Cabrelle, hat etwas Aehnliches mit der Alpengemse, einen ausgedehnten „Spiegel", dessen Haare, wenn das Thier aufgeregt ist, sich aufsträuben.

Die Heimath der Gabelgemse sind die Prairien der Vereinigten Staaten und die Rocky Mountains. Sie zeichnet sich namentlich durch ihr seltsames Gehörn von den übrigen Mitgliedern der Antilopenfamilie, zu der sie gehört, aus, und wurde früher von den Spaniern "Capra" zu Deutsch „Ziege" genannt. In der Gefangenschaft pflegt sie sich in der Regel nur kurze Zeit zu halten, und nur in seltenen Fällen ist es gelungen, sie zu zähmen.

Mit der Besichtigung des Antilopen-Parks und seiner Bewohner haben wir unsern Rundgang durch den Garten beendet. Wir wünschen, daß dem Besucher die in diesem Büchlein niedergelegten kurzen und anspruchslosen Bemerkungen über Alles, was der Garten an Sehenswürdigkeiten bietet, zu weiteren Besuchen ermuntern, und daß er dem jungen Institute stets eine freundliche Erinnerung bewahren möge.

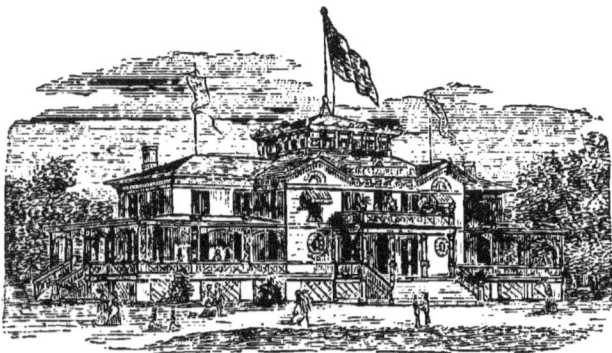

F. W. HELMICK,

Händler in Bogen-Musik,

(SHEET MUSIC.)

278 West Sechste Straße,   CINCINNATI.

Darling Aroon. Song and Chorus. By HARRY PERCY. Price, 35c.

Come my lit-tle dar-ling one to night; Come when the twin-kling stars are shin-ing bright;

*Let Me Dream of Home Sweet Home. Song & Cho. W. T. PORTER. Price, 40c.

Oh, let me dream of home sweet home, And loved ones who are there,

A Brave Boy's Plea. Descriptive Song & Chorus. By CHARLIE BAKER. Price, 35c.

Please Mis - ter! have you some-thing, sir, A boy like me can do?

* De Old Church-Yard in de Lane. Song & Chorus. By CHARLIE BAKER. 40c.

I've wan-dered from my home an friends I loved so dear,

Oh, Is'nt He a Tease. Comic Song & Cho., with Photo. By JEAN LE CROIX. 50c.

I've got a beau, a nice young man, He's sweet as he can be,

Only In Fun. Comic Song & Chorus, with Photograph. By R. S. CRANDALL. 50c.

Each af-ter-noon dressed in the fash - ion, I prom-i-nade out in the street—

My Linda Love. Comic Song & Chorus. By JOHN McVEIGH. Price, 35c.

Oh! white folks lis - ten to me, I'm gwine to sing a song,

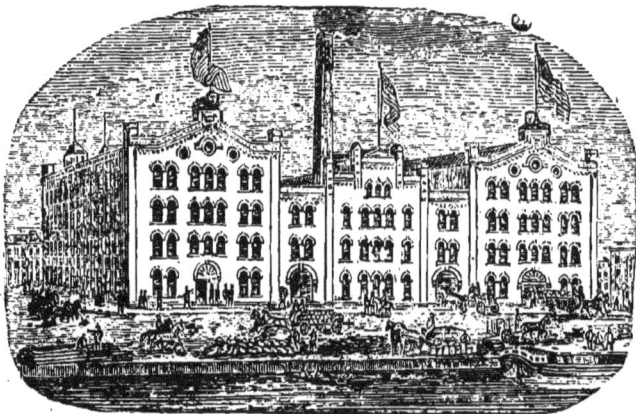

www.ingramcontent.com/pod-product-compliance
Lightning Source LLC
Chambersburg PA
CBHW022010190326
41519CB00010B/1461